我们一起探索梧桐的奇妙世界吧！

主 编 钱 锋

梧桐

本册主编 刘 敏 刘雅莉 林良徽

济南出版社

回归教育初心，唤醒儿童生长的力量

万物为教材，世界即课堂。在刘敏校长团队主编的《万物启蒙 梧桐》书稿中，我看到教育者们在孕育于自然的探究课程中，回归教育初心，不断尝试唤醒儿童生长的力量。

"万物各得其和以生，各得其养以成。"中国传统文化讲究"天人合一""万物并育"，倡导人尊重自然、顺应自然，与自然万物和谐共生。在古代，孩童们走出院门，走进自然，入目所见均是学习的对象。自然环境为孩童提供了丰富的学习资源，孩童通过观察和探索，学会辨别各种植物、动物以及自然现象，增加知识储备，提升观察力和解决问题的能力。在大自然中的独特体验更是激发了儿童的无限创造力。

这本根植于儿童内心与家乡自然本色的《万物启蒙 梧桐》，就是武汉市光谷第二十一小学课程建构者的智慧结晶。书稿以荆楚大地、知音湖北为文化之源，以武汉市树——梧桐为课程之基，以学校依山而建的地理位置为学习之本，顺应自然，探寻自然，从自然、功用、文化三个板块展开，开发"梧桐知音"课程。各科教师通力合作，打破学科壁垒，以一物运转时空，贯通全部学科，于自然万物中唤醒儿童内心生长的力量。

在快速发展的现代社会中，教育不仅是知识的传授，更是灵魂的启迪与个性的塑造。现代教育理念强调以人为本，注重学生的全面发展与个性成长，该书通过"梧桐"这一意蕴丰富的物象，让儿童回归自然，回归教育的根本。课程的开发与建设，是一群回归初心的现代教育者在地方文化和中国意象中，用心去培育灵动自然的儿童和温润谦雅的君子的真实写照，是遵循教育规律的求新和创新。

"致知在格物，物格而后知至。"纵观"梧桐知音"课程的编排及设计，我们不难发现，课程建构者在终身学习的理念下，致力于培养学生的自主学习能力和持续探索精神。我也赞成德国教育学家第斯多惠所说："教学的艺术不在于传授本领，而在于激励、唤醒和鼓舞。""要求学生必须用手、用舌、用头脑去工作！促使他去透彻了解教材，使它成为他的根深蒂固的习惯。"

对儿童的有效教育应当在丰富多样的实践活动中进行，以激励、唤醒和鼓舞儿童内心对自主生长的渴望。"梧桐知音"课程通过对古代诗词、典故、传说的解读，让学生领略"梧桐知音"文化的精神实质；结合音乐、绘画、书法等艺术形式，带领学生欣赏与梧桐、知音相关的艺术作品，让学生们在艺术的熏陶下，更加深刻地理解知音文化的独特魅力；还组织了丰富多样的实践活动，让学生在互动交流中深化对"梧桐知音"文化的理解。本课程带领学生们穿越时空的隧道，以梧桐为媒介，引导学生走进知音的世界，感受那份超越言语、心灵相通的深厚文化。

"天下万物生于有，有生于无。"《万物启蒙 梧桐》基于"万物有形，学而无形"的顶层理念设计，结构完整，思路清晰，目标明确。这一课程的建构不仅仅是对儿童教育的发展，对建构者自身而言，也是一个探寻自然、寻找真我的过程。"万物启蒙"课程打破传统课堂的界限，以万物为教材，以世界为课堂，强调"以物为界，贵在体认"，以儿童成长为起点，唤醒儿童生长的力量，为孩子们提供无限可能。《万物启蒙 梧桐》即将付印成书，我希望编者们不忘教育初心，基于新课改思想，与学生们共同打造无边界的广域课堂概念，在跨学科融合、项目式学习等儿童喜爱的、有情趣的、充满活力的活动中，让"梧桐知音"课程真实落地。

教育博士，湖北省教育科学研究院基础教育与学前教育研究所副所长

目录

你说的梧桐到底是哪个?

　　说起梧桐，很多人都会说："我家附近就有。""路边的行道树就是。"如果你问他们："你看到的梧桐长什么样子?"他们可能会回答："大大的叶子像猫脸，树梢上会结像毛栗子一样的果子，果子上的毛还会飞扬。"

　　这时，你可以很自信地告诉他们："这种树不是梧桐，而是悬铃木哟!"他们一定会一脸惊讶。现在，你就可以开始科普咯——

```
                    ┌─────────────┐
                    │  一球悬铃木  │
                    │ (美国梧桐)  │
                    └─────────────┘
┌─────────────┐     ┌─────────────┐
│ 双子叶植物纲，│     │  二球悬铃木  │
│ 蔷薇目，悬铃木 │─────│ (英国梧桐)  │
│ 科，悬铃木属  │     └─────────────┘
└─────────────┘     ┌─────────────┐
                    │  三球悬铃木  │
                    │ (法国梧桐)  │
                    └─────────────┘
```

（资料来源:《中国植物志》）

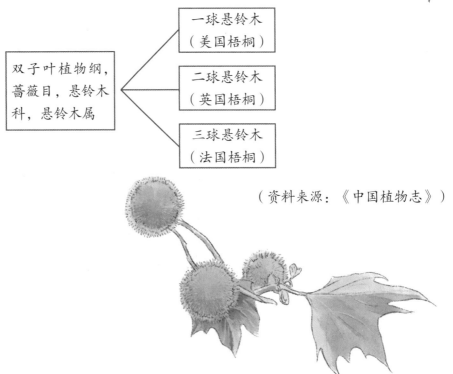

　　球果如铃，叶展如掌，皮剥如片，冠大荫浓，枝条舒展，树形优美，此谓悬铃木。而像小铃铛一样悬挂在树间的球状果序，是用来分辨它们的重要特征。不过，不管是几球悬铃木，都因为它的叶子和梧桐相似，被俗称为梧桐。

那什么是真正的梧桐呢？

梧桐，拉丁学名 Firmiana simplex（L.）W.Wight，别名青桐、碧梧、中国梧桐等。梧桐在《中国植物志》中属双子叶植物纲，锦葵目，梧桐科，梧桐属。

梧桐长什么样子呢？我们一起来看一看吧！

叶：叶裂如花，叶片硕大心形，掌状 3~5 裂，直径 15~30 厘米，裂片三角形，颜色浓绿，恰似一朵盛开的绿色花朵。

花：梧桐是雌雄同株异花。圆锥花序顶生，长 20~50 厘米；花单性，淡黄绿色；花萼 5 深裂近基部，萼片线形，外卷，长 7~9 毫米，外面被淡黄色柔毛，内面基部被柔毛；花梗与花近等长。雄花的雌雄蕊柄与花萼等长，无毛，15 枚花药不规则地聚集在雌雄蕊柄的顶端，退化子房呈梨形且甚小；雌花子房呈球形，被毛。花期 6 月。

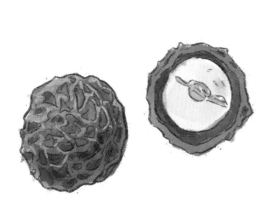

果：蓇葖果膜质，有柄，成熟前开裂呈叶状，长 6~11 厘米，宽 1.5~2.5 厘米，外面被短茸毛或几无毛，每个蓇葖果有种子 2~4 枚。

种子：种子球形，表皮皱缩。有 5 个分果，分果成熟前裂开呈小艇状，种子生在边缘。

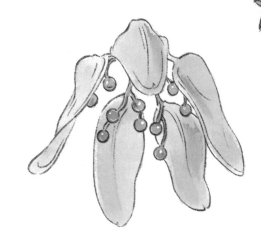

我国植物学家钟观光先生在日译名"筱悬木"的基础上，正式在树木分类学上将法国梧桐（三球悬铃木）命名为悬铃木。

钟观光先生是中国第一个用科学方法广泛研究植物分类学的学者，是近代中国最早采集植物标本的学者，也是近代植物学的开拓者。

株：树干通直，树皮平滑翠绿，直到十几岁后长成参天大树才渐变为灰白色。

名字里有桐的为什么不是"一家人"？

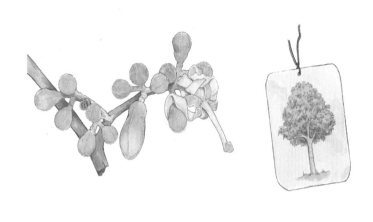

植物不像人类有户口本、家谱，会不会被我们认错家族呢？当然有可能，尤其许多植物虽然有专业的学名，但大多数情况下都是被称呼俗名的。如果乍一看名字类似就认为某几种植物是"一家人"的话，就会错误分类。

瑞典生物学家卡尔·冯·林奈根据植物的形态，尤其是雄蕊和雌蕊（注意啦，不是花，而是其中的花蕊）的数量和特征，将植物分为 24 纲、116 目、1000 多个属和 10000 多个种。这样，人们就可以根据分类，对应找到植物的家族了!

那么，谁和梧桐是一家呢？

火桐，又名彩色梧桐，因为红色的花朵得名。中文名字不是判断它和梧桐关系的关键，查一查分类学"家谱"会发现，它们从被子植物门开始，一直到梧桐属，每一轮分类都在一起，由此可以确定它们的"家人"关系。

不少地方的路边种着开淡紫花朵的泡桐树，泡桐的名字里也有"桐"，它和梧桐是一家吗？

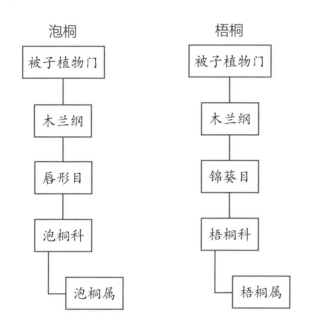

通过查看它和梧桐的"家谱"可以发现，它们并不是"一家人"。

泡桐是我国重要的乡土树种。古人描述二十四节气的物候时，将"桐始华"作为清明初候，说的就是清明后5日，泡桐开花。

来，考考你，下面这些别称指的是梧桐、火桐，还是泡桐？

1. 青桐

2. 碧梧

3. 白桐

4. 紫花树

被子植物门

木兰纲

金虎尾目　　　　　　伞型目

大戟科　　　　　　　海桐科

油桐　　　　　黄桐　　　　　海桐

名字里有"桐"的树居然还有很多呢！它们又都是谁家的呢？

豆目　　　　唇形目　　　　山茱萸目

豆科　　　　唇形科　　　　蓝果树科

刺桐　　　　赪桐　　　　珙桐

为什么说梧桐没有大脑，但很聪明？

猜一猜，这两片，谁是叶，谁是果？

当然，左边是叶，因为梧桐"叶裂如花"；右边是果，因为"果形似船"。这种果子是怎么长出来的呢？梧桐又是如何聪明地将种子播撒出去的呢？

梧桐雌花蕾欲开时　　　　梧桐雌花刚开放时　　　　梧桐雌花正开时

梧桐雄花端部的花粉由蜜蜂等传粉昆虫带到雌花柱头上授粉并受精后，雌蕊柱头逐渐干缩，其下方的圆球状子房开始发育，长成蓇葖果。雌蕊有5个心皮，各心皮内卷形成5个独立的蓇葖果，蓇葖果小的时候紧紧聚在一起，随着果实长大，它们便分离开来。成熟前5个果荚向下垂着，之后小蓇葖果沿腹缝线开裂，便成了下面最后一幅图这个样子。

秋风渐起，白云飞舞的时节到了。梧桐树上结着果实的舟状壳片随风摇曳，离开母枝，在或远或近的地方落下。虽然这并不是什么稀奇事，但眼前散落的壳片竟然如此巨大，让我不得不重新认识它们。

在我的庭院里有一棵梧桐树，绿色的树干和伞状的大叶子挺拔地立着。九月中旬左右，成熟的果实会脱落在地面上。每个果实内含数颗豌豆大小、带皱纹、重量适中的种子。这些种子将在来年春天发芽，长出新苗。因此，在我的庭院里到处都可以看到梧桐树苗生长。

梧桐树果实外部由五片壳组成，并且像车轮一样张开。坚硬而凹凸不平的壳片附着在枝条末端，形成果穗，并且即使下雨也不会积水。很快，风吹断了连接壳片与枝条的柄部，壳内充满空气，被风吹走，以"／＼／＼"的形式或远或近地传播出去。当它们落在地面上时，由于种子重力作用，壳片通常背朝上俯身倒伏。这种姿势非常适合将种子释放至土壤。自然界总是如此周密而巧妙。

由于梧桐树容易生长和茁壮发育，如果有人想要建造一个梧桐林也是相当容易做到的。然而，很少有人会做出这样奇特的决定。在某些国家，甚至将自然生成的梧桐林列为天然纪念物进行保护。实际上，这些森林并非自古代就存在，而是后来才产生的。据说，最初这些梧桐树并非本土特产，而是从中国引进过来，海边等环境适宜它们茁壮生长和繁衍。

尽管梧桐如此容易生长，且其种子也便于通过风力播撒开来，但却无法解释为何山区没有广泛分布，可能原因还需要进一步探讨。

——牧野富太郎（日本植物分类学之父）《风中飞舞的梧桐子》（节选）

梧桐子为什么要飞走？

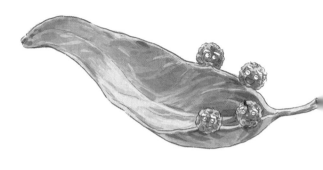

梧桐子

叶圣陶

　　许多梧桐子，他们真快活呢。他们穿着碧绿的新衣，都站在窗沿上游戏。周围张着绿绸似的帷幕。一阵风吹来，绿绸似的帷幕飘动起来，像幽静的庭院。从帷幕的缝里，他们可以看见深蓝的天，看见天空中飞过的鸟儿，看见像仙人的衣裳似的白云；晚上，他们可以看见永远笑嘻嘻的月亮，看见俏皮的眨着眼睛的星星，看见白玉的桥一般的银河，看见提着灯游行的萤火虫。他们看得高兴极了，轻轻地唱起歌来。这时候，隔壁的柿子也唱了，下面的秋海棠也唱了，石阶底下的蟋蟀也唱了。唱歌的时候有别人来应和，这是多么有趣呀，所以梧桐子们都很快活。

　　有一颗梧桐子，他不但喜欢看一切美丽的东西，唱种种快活的歌，他还想离开窗沿，出去游戏。他羡慕鸟儿，羡慕白云，羡慕萤火虫。他想，要是能跟他们一个样到处飞，一定可以看到更多的美丽的东西，唱出更多的快活的歌。离开窗沿并不难办，只要一飞就飞出去了。他于是跟母亲说："我要出去游戏，到处飞行，像鸟儿那样，像白云那样，像萤火虫那样，我就可以看到更多的美丽的东西，唱出更多的快活的歌。回来的时候，我把看到的一切都讲给您听，给您唱许多许多快活的歌。"

　　他的母亲摇了摇头，身子也摆了几摆，和蔼地对他说："你应该出去旅行，哪有不让你去的道理呢？可是现在，你的身体还不够强壮，再等些时候吧！"

　　他听了不再作声，心里可不大高兴。他觉得自己已经很胖很结实了，一定是母亲不放他走，什么身体不够强壮，不过是推托的话罢了。他决定不告诉母亲，自个儿偷偷地飞开去。可是飞到了外边，会不会遇上什么困难呢？独自旅行，能不能找到同伴呢？一想到这些，都教他担心害怕。他于是对哥哥们弟弟们说："你们羡慕鸟儿吗？羡慕白云吗？羡慕萤火虫吗？你们想看到更美丽的东西吗？想唱出更快活的歌儿吗？这些都是做得到的，只要你们跟我走。我们就可以跟鸟儿一个样，跟白云一个样，跟萤火虫一个样，到处旅行。"

哥哥弟弟的性情都跟他差不多，谁不喜欢出去旅行，看看广阔的世界？他们都拍着手喊起来："咱们快走吧！咱们快走吧！"

他们换上了褐色的旅行服，站在窗沿下准备着。这时候，绿绸似的帷幕变成黄锦似的了，而且少了许多，变得稀稀朗朗的，因为太阳不太热了。风从稀朗的帷幕间吹来，梧桐子们借着风的力量，都想离开窗沿。大家把身子摇了几摇，还站在窗沿上。只有一颗，就是最先想到要离开的一颗，独自飞走了。他多么高兴呀，自以为领了头，带着哥哥们弟弟们到广阔的世界里去旅行了。

他头也不回，只顾往前飞，一会儿高一会儿低。后来，他觉得有点儿力乏了，才回过头去招呼哥哥们弟弟们。啊呀，不好了，他们都飞到哪儿去了呢？他心里一慌，身子就笔直往下掉；头脑里迷迷糊糊的，不知落在了什么地方。

他渐渐清醒过来，看看周围，原来他落在田边上，一个十五六岁的姑娘正在栽菜秧。他才想起了哥哥弟弟，他们不知道在什么时候离开了他。现在要找他们，实在太不容易了。要是找不着他们，独自去旅行，他可有点儿不敢。他们总在附近吧，还是飞起来找一找吧。哪儿知道他一动也不能动。他着急了，急得流出了眼泪来，向周围看看，只有一位姑娘。他想，那位姑娘也许能帮他点儿忙吧！

他带着哭声说："姑娘，您看见我的哥哥弟弟了吗？他们到哪里去了？请您告诉我，可爱的姑娘。"

姑娘只管栽她的菜秧，好像没听见他的话。栽完了六畦，她穿上放在田边的青布衫，两只手扣着纽扣，忽然看见了落在地上的梧桐子，就把他拾了起来。

他在姑娘的手心里，手心又柔软又暖和，舒服极了。他不再哭了，心里想："这位姑娘真可爱，她一定知道我的哥哥弟弟在哪里，一定会把我送到他们身边去的。"

姑娘回到自己家里，把他放在靠窗的桌子上。他以为来到哥哥弟弟中间了，急忙向周围看，却一个也没有。他又犯愁了，高声喊："姑娘，我不要留在这里，我要找我的哥哥们弟弟们。请您赶快把我送到他们身边去吧！"

姑娘不理睬他，管自掸去衣裳上的尘土，然后走到窗前，把他捡了起来，用手指捻着玩儿。他好像在摇篮里似的，身子摇来摇去，觉得很舒服。姑娘捻了一会儿，把他扔起来，用手接住，接了又扔，扔了又接。他一忽儿升起来，一忽儿往下落，又快又稳，也非常有趣。可是一想起哥哥弟弟，不知道他们现在在哪儿，心里又很不自在。

姑娘听见她母亲在叫唤了，把他放在靠窗的桌子上就走了。他想：姑娘一走，他更没有希望了。当初站在家里的窗沿上，以为一离开家，要到哪里就去哪里，自由极了。哪里想到现在自己做不得主，一动也不能动，不要说到处旅行了，就是想回家去看看母亲，打听一下哥哥们弟弟们的消息，也办不到。他无法可想，只好对着淡淡的阳光叹气。他懊悔没听母亲的话，母亲早跟他说了，"等你身体强壮了，你就可以离开家了"。身体强壮了，一定可以自由自在地到处飞；可是现在，懊悔也来不及了。

窗外飞来一只麻雀，落在桌子上，侧着脑袋对他看了又看，两只小脚跳跃着，"居且居且"地叫着。他想，麻雀或者知道哥哥们弟弟们的消息，就求他说："麻雀哥哥，您看见我的哥哥弟弟了吗？他们到哪里去了呢？请您告诉我，可爱的麻雀哥哥。"

麻雀侧着脑袋，又看了看他，跳跃着，又"居且居且"叫着，似乎没听见他的话。麻雀听了一会儿，一口衔住了他，向窗外飞去。

他在麻雀的嘴里，周身觉得很潮润，麻雀用舌头舔他，好像给他挠痒痒似的。他本来很渴了，身上又有点儿痒，所以感到很舒服。他想："麻雀哥哥真可爱，他一定知道我的哥哥弟弟在哪里，一定会把我送到他们身边去的。"

不知道为什么，麻雀一张嘴，他就从半空里掉了下来。

"不好了，又往下掉了，这一回可比前一回高得多，落到地上一定没有命了。我的母亲……"他还没想完，身子已经着地了，他吓得失去了知觉。

其实他好好的，正好落在又松又软的泥里。下了几天春雨，刮了几天春风，他醒过来了。看看自己身上，褐色的旅行服已经不在身上了，换上了一身绿色的新衣，比先前的更加鲜艳。看看周围的邻居，都是些小草，也穿着可爱的绿色的新衣。有了这许多新朋友，他不再觉得寂寞了，可是想起母亲，想起哥哥弟弟，不知道他们怎样了，心里就不大愉快。

他慢慢地长大了，周围的小草们本来跟他一般高，现在只能盖没他的脚背。他的身子很挺拔，站得笔直，真是个漂亮的小伙子。小草们都很羡慕他，跟他非常亲热。他们说："你是我们的领袖。你跳舞的时候，我们也跳；你唱歌的时候，我们也唱。

可惜我们的身子太柔弱，姿势不如你好看；我们的嗓门也太细，声音不如你好听。这有什么要紧呢？我们中间有了个你，你是我们的领袖。"

他感谢小草们的好意，愿意尽力保护他们。刮狂风的时候，下暴雨的时候，他遮掩着小草们。

有一天，一只燕子飞来，歇在他的肩膀上。燕子本是当邮差的，所以他心里很高兴，就写了一封信交给燕子。他说："燕子哥哥，好心的邮差，我有一封信，是写给母亲和哥哥们弟弟们的。可是我不知道他们在什么地方。请您帮我打听吧；打听到了，就把我这封信给他们看，让他们都能看到。最好能带个回音给我。谢谢您，好心的燕子哥哥。"

燕子一口答应，把信带走了。没过一天，燕子背了一大口袋信回来了，对他说："你的信来了。他们都给你写了回信哩。"

他快活得不知道说什么好，只是嘻嘻地笑。先拆开母亲的信，他看信上说："得到了你的消息，我很快活。我现在很好。你的哥哥弟弟跟你一个样，也到别处去了。他们常常有信来。现在告诉你一件事儿，你一定会喜欢的，就是你又要有许多小弟弟了。"

他又拆开哥哥们弟弟们的回信。下面就是他们信上的话：

"那一天你太性急，一个人先走了。没隔多久，我也离开了母亲，现在住在一个花园里。"

"我离开了母亲，落在人家的屋檐上。修房子的工匠把我扫了下来，我就在院子里住下了。"

"最有趣的是我到过一位小姑娘的嘴里，才停留了一分钟。"

"我的新衣服绿得美丽极了，你的是什么颜色的？"

"我将来也会有孩子的。希望有一天，你来看看你的侄子们。"

他看完信，心就安了。母亲和哥哥弟弟，他们都很好，用不着老挂念他们，只要隔几天写封信去问一问就好了。燕子天天来问他有没有信要送。

他很快活，至今还笔挺地站在那儿，身子只顾往高里长。

读了叶圣陶先生的这篇文章，你找到梧桐子飞走的原因了吗？

怎样种好一棵梧桐树？

梧桐树青翠挺拔，要怎样种植、照顾它，才能让它枝繁叶茂、茁壮生长？这里面学问可不少！快来学习一下吧。

秋季梧桐果熟时采收种子，晒干脱粒后可以当年秋播，也可沙藏至第二年春播。沙藏种子发芽较整齐，播种后 4~5 周发芽。干藏种子常发芽不齐，可在播种前先用温水浸种催芽。

注意啦，播种时，条播行距为 25 厘米，覆土厚约 1.5 厘米。如果一切正常，当年树苗可以长到 50 厘米以上，第二年就可以分栽培养了。

移种梧桐的地方也有讲究——喜欢温暖湿润气候的它，希望到院子里日照充足的地方安家落户。如果不注意这一点，它就会变得懒洋洋病恹恹，不肯好好长大。

美丽的梧桐树总会招来各种贪吃的小虫子，如梧桐木虱、霜天蛾、刺蛾等。这些小虫子的成虫、若虫群集在树的嫩梢、叶片背面刺吸汁液，破坏植株输导组织。若虫还能分泌大量白色蜡絮而影响树木的光合作用和呼吸作用，严重时，蜡絮纷纷飘落，形似"飞雪"，严重污染环境。

梧桐树耐寒性不强，北方的冬天特别寒冷，梧桐幼苗需要包扎稻草绳防寒。

土壤对梧桐树的生长至关重要。梧桐树喜欢什么样的土质呢？肥沃、湿润、深厚而排水良好的土壤是它的最爱。梧桐树在酸性、中性及钙质的土中均能生长，但不喜欢积水洼地或盐碱地。如果土壤过于干燥或者缺乏养分，又或者你出于好心，给土里添加了过多的肥料和化学物质，它就会生病，甚至用生命来"反抗"了。

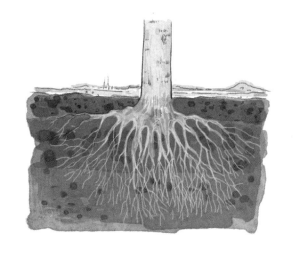

孟子也懂怎么种梧桐吗？

孟子曰："拱把之桐梓，人苟欲生之，皆知所以养之者。至于身，而不知所以养之者，岂爱身不若桐梓哉？弗思甚也。"

——《孟子·告子章句上·第十三节》

梧桐和梓树都是优良的树种，但是它们生长速度都较为缓慢。如果想让梧桐树苗、梓树苗慢慢长成两手合抱的参天大树，就必须先了解这两种树的生活习性，并且悉心照料，关注它们生长所必需的土壤、水分等条件以及通风、排涝等细节，努力创造适合它们生长的环境。

那我们该如何培育自身呢？一说到这个问题很多人就一脸茫然了。难道有人不知道如何去滋养自己，不希望自己变得更好吗？当然不是，我们肯定希望自己变得更好，因为我们爱自己的生命肯定会比爱那棵树要多。为何我们知道如何种树，却不知道如何滋养自己呢？因为我们思考得不够深刻，也就是"弗思甚也"。

孟子曰："人之于身也，兼所爱。兼所爱，则兼所养也。无尺寸之肤不爱焉，则无尺寸之肤不养也。所以考其善不善者，岂有他哉？于己取之而已矣。体有贵贱，有小大。无以小害大，无以贱害贵。养其小者为小人，养其大者为大人。今有场师，舍其梧槚，养其樲棘，则为贱场师焉。养其一指而失其肩

背，而不知也，则为狼疾人也。饮食之人，则人贱之矣，为其养小以失大也。饮食之人无有失也，则口腹岂适为尺寸之肤哉？"

——《孟子·告子章句上·第十四节》

孟子说："人对于自己的身体，哪一部分都爱护。都爱护，便都保养。没有一尺一寸的肌肤不爱护，便没有一尺一寸的肌肤不保养。考察他护养得好不好，难道有别的方法吗？只要看他注重保养的是身体的哪一部分就可以了。身体有重要的部分，有次要的部分；有小的部分，也有大的部分。不要因为小的部分而损害大的部分，不要因为次要的部分而损害重要的部分。护养小的部分的是小人，护养大的部分的是大人。如果有一位园艺师，舍弃梧桐、梓树，却去培养酸枣、荆棘，那就是一位很糟糕的园艺师。如果有人为护养一根指头而失去整个肩背，自己还不明白，那便是个糊涂透顶的人。那种只晓得吃吃喝喝的人之所以受到人们的鄙视，就因为他护养了小的部分而失去了大的部分。如果说他没有失去什么的话，那么，他们吃喝只是为了保养口腹这些小部分的需要吗？"

《告子》是《孟子》中的篇目，分上、下两篇。孟子与告子都是战国时的人，孟子持性善论（人生来有向善的力量），告子持无善无恶论（即人生下来本无所谓善恶），《告子》以两人的论辩开头，集中阐述了孟子关于人性、道德的相关理论。

孟子在《告子》中接连两次提到种梧桐。他真的是在说种树的技术吗？

吃粒梧桐子，里面有啥学问？

秋天到了，满树梧桐子，金黄色的，真诱人。没错，梧桐子可以吃哟！曾经，炒梧桐子是很多小朋友的童年专属特色零食呢！

首先，准备一根长竹竿，将梧桐子打下来。然后将梧桐子铺在簸箕里，挑拣一下，剥掉软外层，用水淘干净后晾干，倒进铁锅，像炒瓜子一样翻炒，炒到香气扑鼻，浇点盐水，再翻炒几下，就可以出锅了。

嚼一下，梧桐子的味道跟豌豆的差不多，酥酥脆脆，小是小了点，但吃着非常香。小朋友抓一把装在口袋里，可以吃一天。

梧桐子中含有油脂、蛋白质、还原糖、粗纤维、咖啡因、维生素 C 及多种矿物质元素，其含油率高达 50% 左右。

梧桐子油有消食和中、行气健脾、止血、降压的功效。有研究表明，梧桐子油中主要含有棕榈酸、油酸和亚油酸，且其含量与产地有关。梧桐子油中不饱和脂肪酸与普通食用油不饱和脂肪酸含量（73%~94%）差不多，含量为 80% 左右，且亚油酸含量高于茶油和菜油。

《本草纲目·木部》"梧桐·子"部分

气味：味甘、性平、无毒。

主治：（子）和鸡蛋烧存性，研成末掺，治小儿口疮。

梧桐，色白，叶似青桐而有子，子肥亦可食。

——陶弘景（456—536），南朝齐、梁时道教学者、炼丹家、医药学家

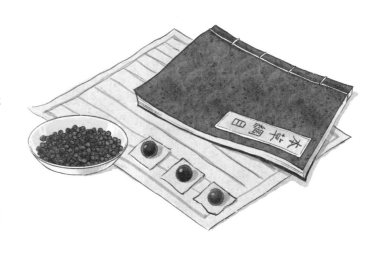

中药丸梧桐子大是多大？

"梧桐子大"是古籍中常见的对中药制丸的一种规格称谓，因其动辄服数十丸，可知颗粒不会很大，大概相当于一个黄豆大。

中药丸，如桐子大，每服三钱，是吃多少克？一钱按 3.33 g 计，三钱即 10g 左右。

汉唐时期，梧桐子常作为拟量单位用于计量丸剂。《伤寒论》中记录了麻子仁丸的制法及用法："上六味，蜜和为丸如梧桐子大。饮服十丸，日三服，渐加，以知为度。"后世也多沿用汉唐古法，参照梧桐子大小制作丸剂，如现代生产的传统中药水蜜丸也多制成梧桐子大小。

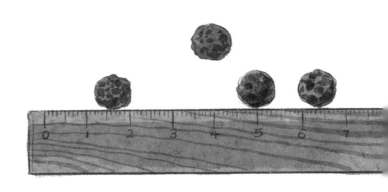

桐子不落，童子不乐？

丰子恺，中国现代书画家、文学家、散文家、翻译家、漫画家，被誉为"现代中国最艺术的艺术家""中国现代漫画的先驱"。

丰子恺先生画了很多有关童年趣味的漫画，其中有一幅就是打梧桐子的场景。

丰子恺，祖籍浙江省嘉兴市桐乡市。桐乡地域早在7000年前就有先民居住。春秋战国时期为吴越交界之地；后晋天福三年（938），置崇德县；明朝宣德五年（1430），置桐乡县。因古时遍栽梧桐树，寓意梧桐之乡而得名。

丰子恺的漫画单线平涂，用笔流畅，线条简练，民间色彩浓郁。特别的是，丰子恺的作品大都不画出人物脸上的五官和表情，而是让看画的人自己推想，引人思索，这也是丰子恺人物画的一大特色。

丰子恺在《漫画创作二十年》里说："我向来憧憬于儿童生活。尤其是那时，我初尝世味，看见了所谓社会里的虚伪矜恣之状，觉得成人大都已失本性，只有儿童天真烂漫，人格完整，这才是真正的'人'。于是变成了儿童崇拜者，在随笔中、漫画中，处处赞扬儿童。"

这幅画，丰子恺题的是"深秋佳兴打桐子"。1962年，丰子恺带家人在苏州游玩，院子里有梧桐树，两个女儿和外孙女就去捡拾桐子。丰子恺先生根据此场景画了这幅漫画，画中的少年稚趣让人不由会心一笑。

深秋佳興 打桐子 子愷畫

梧桐皮绳子，怎么这么结实？

在尼龙绳出现之前，许多地方的人们使用梧桐的树皮搓制绳子。

"日本植物分类学之父"牧野富太郎曾写道："梧桐树皮质坚韧，可制作船绳，并且耐水性强。"

在给成年梧桐树修剪分枝的时候，收集修剪下来的较粗枝干，将上面的细枝和叶子去掉，只留下粗杆，放到水坑里浸泡。

一直浸泡到枝干表皮全部沤烂，使用长竹竿将其捞起，放置到平地上，手工挑拣出仍有纤维感的表皮，剥去腐烂部分，洗净，晾干。

晒干后的表皮纤维，极其柔韧，但是单股的力量还是较薄弱，所以人们将两股纤维握在手掌中，一边搓，一边不断加入新的纤维，从而搓出更长更粗的双股绳。

人们制作梧桐皮绳子时，考虑到梧桐继续生长还能作木材使用，所以无须将整棵树砍倒，只需收集一些粗壮的枝干即可。

　　梧桐树皮纤维制成的绳子，极其结实耐用，使用范围非常广泛。它们可以用来捆扎农具，绑紧床榻的藤条，还可以用来晾晒衣物、风干食物等。

到底是谁造出了古琴？

昔神农氏继伏羲而王天下，上观法于天，下取法于地，近取诸身，远取诸物。于是削桐为琴，绳丝为弦，以通神明之德，合天地之和焉。

——汉·桓谭《新论·琴道》

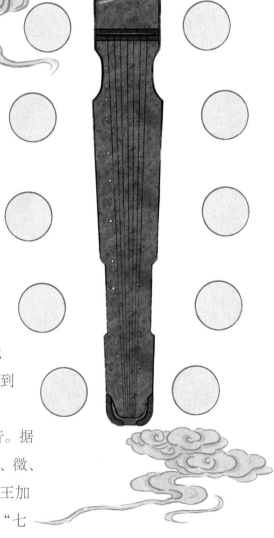

相传，太古之时，伏羲看到有凤凰落在梧桐树上，引来百鸟朝凤而鸣，便叩拜桐树，后命人伐桐而归。伏羲按 33 天之数，将桐树截成三段。他用手去叩试，仔细分辨桐树的声音，发现上段太清，下段太浊，唯有中间一段清浊相济，就取中段来用。这就是伏羲伐桐仿天地之象而作琴，以使人民修身理性、返璞归真的典故，中华民族标志性的弹拨乐器之一——古琴自此便诞生了。

还有一个传说，王母娘娘在天宫瑶池宴请天神，调来伏羲所创的乐器在现场弹奏。众天神觉得乐器的声音好听，造型独特，为其命名：琴。因为是第一次在瑶池见到这样的新物件，遂称其为"瑶琴"。

天上有五星，地上有五行，世间有五音。据说，古琴最开始只有五弦，代表宫、商、角、徵、羽五音，合阴阳五行，后来周文王、周武王加上了文、武二弦，合君臣之恩，使之成为"七弦琴”。

“八音之中，惟弦为最，而琴为之首。”中国传统乐论认为，音有八种：金、石、丝、竹、匏、土、革、木。其中，丝音细腻深密，最适合表达人心之思。而丝音之中，又以琴为首。

白居易诗言：“丝桐合为琴，中有太古声。”古琴的声音非常独特，松沉低缓，宁静旷远，有古远之意、静逸之美，闻之恍若隔世，又被称为“太古遗音”。另有宋代田芝翁编纂的古琴谱，书名也叫《太古遗音》。

《太古遗音》中的上弦式、抚琴式

《太古遗音》中的古人抱琴式

其实，到底是谁造出了古琴，还有很多说法。在《尚书》《礼记》《史记》等文献中，还有神农造琴、唐尧造琴、黄帝造琴和虞舜造琴等传说，这些传说虽无实物可为之佐证，但无一不将古琴的起源与上古祖神相联系，可见古琴艺术与源远流长的中华文明有着千丝万缕的联系。

目前，考古发现的最早古琴是郭家庙曾国墓地出土的春秋早期古琴，据考证，距今已有约 2700 年的历史了。

为什么成语中琴、瑟经常连用？

琴瑟和鸣，如鼓琴瑟……为什么成语里经常会把琴和瑟放在一起？

去看看湖北省博物馆馆藏的古琴、古瑟，也许会得到答案。

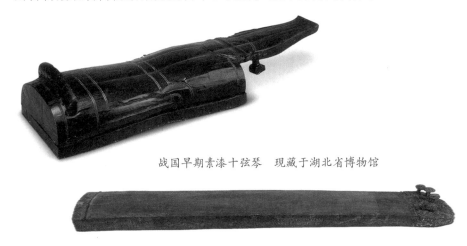

战国早期素漆十弦琴　现藏于湖北省博物馆

战国早期彩漆瑟　现藏于湖北省博物馆

这两件文物均出土于战国曾侯乙墓东室，墓室中一起出土的还有笙、鼓等。根据考古研究推测，曾经弹琴和弹瑟是同时进行的，还配有其他乐器合奏。琴瑟和鸣，是皇后、妃子在寝宫中为王侯演奏音乐，乐曲的内容主要是歌颂先王、贤妃的德行，劝谏国君勤政爱民，祈求国泰民安。

相传到了唐代，古瑟的调弦及演奏方法均已失传，唐代诗人张籍曾叹道："古瑟在匣谁复识，玉柱颠倒朱丝黑。"这成为中国音乐史上一大憾事。

废瑟词

唐·张籍

古瑟在匣谁复识，玉柱颠倒朱丝黑。

千年曲谱不分明，乐府无人传正声。

秋虫暗穿尘作色，腹中不辨工人名。

几时天下复古乐，此瑟还奏云门曲。

琴瑟因自先秦时代就被赋予了"治天下"的特殊功能，所以在礼乐活动中占有重要地位。琴瑟的组合，又被视为阴阳和谐、和而不同、与天地同和的典范。因此，人们常以"琴瑟"喻婚姻，以"琴瑟和鸣"喻融洽的感情。

　　　　　窈窕淑女，琴瑟友之。

　　　　　　　　　　——《诗经·国风·周南·关雎》

　　　　　琴瑟在御，莫不静好。

　　　　　　　　　　——《诗经·国风·郑风·女曰鸡鸣》

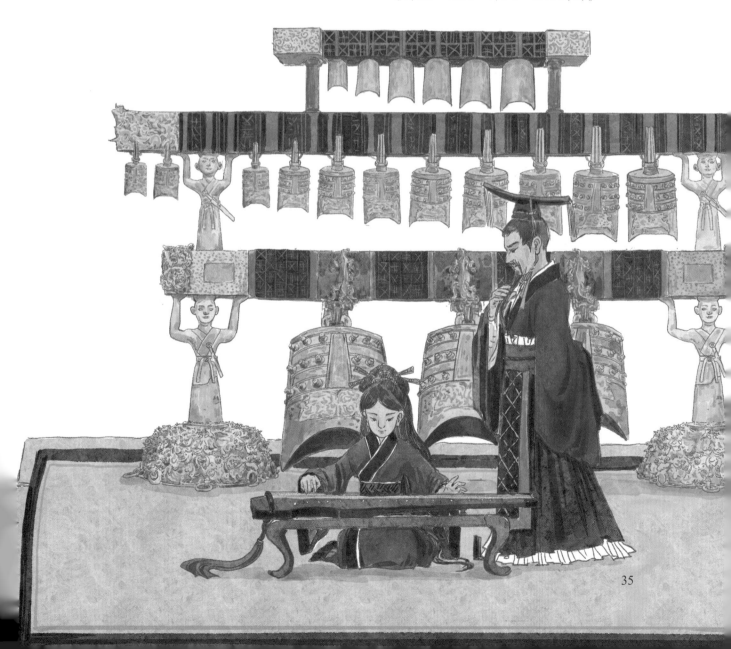

焦尾琴

汉灵帝时，陈留蔡邕，以数上书陈奏，忤上旨意，又内宠恶之，虑不免，乃亡命江海，远迹吴会。至吴，吴人有烧桐以爨者，邕闻火烈声，曰："此良材也。"因请之削以为琴，果有美音。而其尾焦，因名"焦尾琴"。

——东晋·干宝《搜神记》

烧焦尾巴的琴，凭什么那么有名？

吴人有烧桐以爨（cuàn，烧火做饭）者，邕闻火烈之声，知其良木，因请而裁为琴，果有美音，而其尾犹焦，故时人名曰"焦尾琴"焉。

——《后汉书·蔡邕列传》

中国古代有四大名琴——俞伯牙用过的"号钟"、司马相如的"绿绮"、楚庄王挚爱的"绕梁"、蔡邕的"焦尾"。

蔡邕（133—192），字伯喈，陈留郡圉县（今河南省尉氏县）人。东汉名臣，文学家、书法家，才女蔡文姬之父。

传说蔡邕通音律，善操琴，远近闻名。宦官徐璜等人听说了蔡邕的音乐才能，就向桓帝推荐了他，并让陈留太守催促他到朝廷鼓琴。蔡邕不得已上路，但到了半道的偃师，就称病而归。原因是沿途所见，激起他对当朝的不满，写下了《述行赋》，表达对统治者荒淫奢侈、民不聊生的愤慨。因为多次上书陈述自己的政见，违背了皇帝的旨意，又因为得宠的宦官憎恶他，他考虑到免不了要遭到毒害，于是就流亡江河湖海，足迹远达吴郡、会稽郡，十二年间隐居在吴楚交界的溧阳观山、黄山湖一带。据说有一天，他在一农民家的灶膛里抢出一段尚未烧完的青桐木，依据青桐木的长短、形状，制成一张七弦琴，音色奇绝，因琴尾尚留有焦痕，故取琴名为"焦尾"。

蔡邕的《琴操》中的五十首琴曲，都以历史人物故事为主题，反映了汉代琴坛的斑斓色彩。他在《琴赋》中写道：

仲尼思归，鹿鸣三章。

梁甫悲吟，周公越裳。

青雀西飞，别鹤东翔。

饮马长城，楚曲明光。

楚姬遗叹，鸡鸣高桑。

走兽率舞，飞鸟下翔。

感激弦歌，一低一昂。

桐梓合精，才能凤求凰？

中国四大名琴，最浪漫的一把自然非"绿绮"莫属。相传绿绮琴身通体黑色，隐隐泛着幽绿，有如绿色藤蔓缠绕于古木之上，音色绝妙。

说它浪漫，则是因为它的主人——司马相如。

司马相如（约前179—前118），原本家境贫寒，家徒四壁，但他的诗赋极有名气。梁王慕名请他作赋，相如写了一篇《如玉赋》相赠。此赋辞藻瑰丽，气韵非凡。梁王极为高兴，就以自己收藏的绿绮琴回赠。

相传，这把琴内刻有铭文"桐梓合精"，意思是这把琴乃是桐木、梓木结合的精华。按照制作古琴的专业人士的说法，桐木为面，梓木为底，名"天桐地梓"。桐木取向阳一面，梓木取向阴一面，于水中辨别，上浮为阳，下沉为阴。两种木质的完美融合，让这把琴成了阴阳合一的琴王。

有了好琴，自然要有高超的琴艺相配。司马相如琴棋书画无一不精，他与绿绮琴自然名声在外。浪漫的故事即将开始——

是时卓王孙有女文君新寡，好音。故相如缪与令相重，而以琴心挑之。

——《史记·司马相如列传》

一次，司马相如访友，豪富卓王孙慕名设宴款待。酒兴正浓时，席间众人纷纷提出，想听司马相如弹奏绿绮琴，一饱耳福。相如早就听说卓王孙的女儿文君才华出众，精通琴艺，而且对他极为仰慕。司马相如就弹起琴曲《凤求凰》，于琴声中传递爱意。卓文君冰雪聪明，自然理解了琴曲的含义，不由脸红耳热，心驰神往。她倾心相如的文才，为酬知音之遇，便夜奔相如住所，缔结良缘。从此，司马相如以琴追求文君，被传为千古佳话。

后世人对司马相如和卓文君的故事津津乐道，自然也在传颂过程中"添油加醋"，增加了更多浪漫细节，譬如有人就说司马相如当时就着琴曲还吟唱了歌词《凤求凰》，后世书中记载有多个版本，不妨来读一下——

琴歌二首

凤兮凤兮归故乡，遨游四海求其凰。

时未遇兮无所将，何悟今兮升斯堂！

有艳淑女在闺房，室迩人遐毒我肠。

何缘交颈为鸳鸯，胡颉颃兮共翱翔！

凰兮凰兮从我栖，得托孳尾永为妃。

交情通体心和谐，中夜相从知者谁？

双翼俱起翻高飞，无感我思使余悲。

凤求凰

有一美人兮，见之不忘。

一日不见兮，思之如狂。

凤飞翱翔兮，四海求凰。

无奈佳人兮，不在东墙。

将琴代语兮，聊写衷肠。

何时见许兮，慰我彷徨。

愿言配德兮，携手相将。

不得于飞兮，使我沦亡。

好琴必须用梧桐木做？

制作一把好琴，除了要匠人手艺高超，更要精心选材。宋代沈括的《梦溪笔谈》里有记录："以琴言之，虽皆清实，其间有声重者，有声轻者，材中自有五音……"这说明琴的音色和木材之间有着密切关系。

古琴界有一种流传已久的说法，琴材最好的搭配应该是——桐梓合精，也就是面桐底梓。因为琴面板起传音和振动发声作用，故常选质轻而传音良好的桐木；琴底板起托音（匣音）作用，和面板一起振动，所以要选用较为坚实但又不过硬的梓木。

但是，你知道吗？真实情况是——不论是宫廷还是民间造琴，往往就地取材，千年古廊或古宅中拆换下来的旧木材，甚至蛀了的木材，反而因为木质干透，传音共振优良，被懂行的人视为珍贵的材料！特别是那些枯如朽木、指甲掐木不陷、叩木如破损木鱼声音的，更是不可多得，因为这样的木质里面含的胶质已经逐渐风化，分子逐渐稀疏形成孔隙，空气进入，让音韵有松透的优点。

另外，每一把古琴的音质、音色其实都不一样：清亮、浑厚、松透、古朴、苍老、宏大、清润、凝重、甜美、灵透、幽奇……丰富多彩，一琴一音，音色各异，毕竟每把琴的主人都各有所好。因此，许多古代名琴的木材除常用桐梓木外，还常用到松、杉、杨、柳、楸、椴、桑、柏等材料，也有面底均为桐木的，称为"纯阳琴"。制作"纯阳琴"需注意"取其暮夜阴雨之际，声不沉"。

此外，还有人认为：桐梓合精的"桐"，指的并不是梧桐，而是泡桐！因为从先秦到两汉，"梧桐"一词，其实是

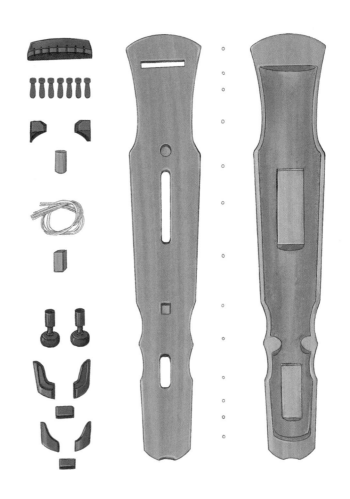

两种树的并称。"梧"指的是梧桐，也就是青桐；而"桐"指的是泡桐。泡桐树是速生树种，木材密度较小，较一般木材轻 40% 左右。因为轻，所以共鸣性好，导音性强。20 世纪 80 年代起，河南兰考县就开始种植泡桐树制作琴、筝、琵琶等民族乐器，在脱贫道路上，这一举措功不可没。如今，每年兰考县堌阳镇徐场村制作的民乐乐器超过 10 万台（把），是名副其实的"乐器村"。

梧桐一叶落，真的能知秋？

明代王象晋在《二如亭群芳谱》中写梧桐："（梧桐）立秋之日，如某时立秋，至期一叶先坠。故云：'梧桐一叶落，天下尽知秋。'"

清代园艺学专著《花镜》中写梧桐："此木能知岁时，清明后桐始华。桐不华，岁必大寒。立秋是何时，至期一叶先坠。故有'梧桐一叶落，天下尽知秋'之句。"

这些书里的讲述，有没有让你想起一个成语——一叶知秋？其实秋天落叶植物很多，如果说落叶是秋天的报时信号，那么报秋的植物凭什么是梧桐？或许宋代的古书里能找到线索——

宋末吴自牧《梦粱录》卷四有云："立秋日，太史局委官吏于禁廷内，以梧桐树植于殿下。俟交立秋时，太史官穿秉奏曰：'秋来。'其时梧叶应声飞落一二片，以寓报秋意。"立秋这天，太史官早早就守在了宫廷的中殿外面，眼睛紧紧盯着院子里的梧桐树。一阵风来，一片树叶飘落枝头，太史官立即高声喊道："秋来了。"于是一人接着一人，大声喊道"秋来了""秋来了"，秋来之声瞬时传遍宫城内外。不等回声消失，盔甲整齐的将士们护卫着皇帝蜂拥而出。他们要去郊外的狩猎场射猎。

　　而更早一些，一本神秘著作《遁甲书》里有这样的观点："梧桐可知月正、闰岁。生十二叶，一边六叶。从下数，一叶为一月；有闰则十三叶。视叶小处，则知闰何月。立秋之日，如某时立秋，至期一叶先坠。"这里面的思路就更玄妙莫测了，但显然不怎么科学，感觉在故意神化梧桐树。

　　秋，什么时候开始算？这是一个复杂的问题。

　　气象学上，季节划分常采用"节气法"与"气温法"两种方法。传统是以二十四节气的"立秋"作为秋季的起始。运用"节气法"划分秋季，表示阳气渐收、阴气渐长，万物开始从繁茂成长趋向成熟，收获的季节到了。运用"气温法"划分秋季，人们采用的是近代学者张宝堃的"候平均气温"划分：日平均气温连续五天介于 10℃ ~22℃ 算是进入秋季。按照"气温法"划分秋季，表示天气凉爽的季节到了。

　　而现在农历八月初很难看到梧桐落叶。据史料记载，唐朝在农历四月收获小麦，而北宋时期在五月收获小麦，这正好符合隋唐五代时期气候温暖，以及 11 世纪后气温迅速下降的记录。那么，宋代立秋时节气温和今日相比，温度要低至少四五度，而梧桐这种对温度敏感的树，在当今温暖的气温条件下，也就失去"报秋"的功能。

　　知时节，是人类了解自然的重要途径，古人也是想尽了各种办法。不过，今日我们显然有了更科学、更准确的方法来观测记录时节。一片叶子，一朵花，可以用来参考，但不能当作唯一的"凭证"了。

为什么普遍将法国梧桐当行道树？

每年四五月，空中到处飘荡着毛絮，而"罪魁祸首"就是路旁的行道树。于是人们纷纷抱怨：梧桐飞毛，真让人讨厌啊！

这里必须要澄清，飞絮来自法国梧桐，而非中国梧桐。中国梧桐由于其美丽的叶形和花序，以及适应性较强的生长习性，常见于庭院、公园和景区等地。它的心形叶片和圆锥花序都具有一定的装饰效果，给园林带来更多的生机和美感。

那么，也许你会说，中国梧桐如此美丽，又非常有中国文化特色，为何全国各地的行道树多用法国梧桐，而不用中国梧桐呢？能否把行道树换成中国梧桐？

回头想想，法国梧桐什么时候成了各大城市的行道树呢？据《清稗类钞》记载："筱悬木，为落叶乔木，原产于欧洲，移植于上海。马路两旁之成行者是也，俗称'洋梧桐'。"说不清是从什么时候开始，"法国梧桐"这个名字取代了洋梧桐，成为其在上海民间的俗称。1928年《申报》一篇文章说：大家

现在栽行道树，多想拣筱悬木，然而筱悬木的名称知道的人极少。因为法租界栽得极多，并且叶子酷肖梧桐，所以大家名之曰法国梧桐。说起来它属于悬玲木科，不属于梧桐科，亦不是法国的特产。

法国梧桐是世界上使用范围最广的行道树之一，作为世界四大行道树之一，一定是有它的过人之处，要不然不会遍布全世界。

看看外表——由于其高大的树冠和宽阔的叶片，法国梧桐在园林中通常用作大型树木种植，常见于公园、街道和大型庭院等地。其树冠形态美观，叶子宽大紧密，在夏季能提供很好的遮阴效果，能够有效降温。同时，它的树皮光滑，整洁清爽，也增加了园林的观赏价值。有民间环保组织从遮阴能力、适应环境能力、耐污染能力、抗烟尘能力、抗风能力等方面进行调查分析后认为，法国梧桐比较适合作为行道树。

梧桐叶是王权还是剪纸？

成王与唐叔虞燕居，援梧叶以为珪，而授唐叔虞曰："余以此封女。"叔虞喜，以告周公……于是遂封叔虞于晋。

——《吕氏春秋·览部》

成王与叔虞戏，削桐叶为珪以与叔虞，曰："以此封若。"

——《史记·晋世家》

上面两段记载，都与成语"一剪成圭"有关，也就是西周时期"剪桐封弟"的故事。故事中，周成王把梧桐叶剪成玉圭的形状，赐予弟弟叔虞，封其为唐王。但是很多人读了故事，都觉得不解，甚至有人问，这样剪片叶子就算册封，算不算儿戏？当然也有人说，如果真的实践了诺言，也算是君无戏言的美谈。

为什么凭着叶子剪成的圭就能确认王的地位？圭到底长什么样子，有什么样的效力呢？

圭是西周以及春秋、战国时期帝王、诸侯所使用的重要礼器，它不仅是天地四方神灵的代表，也是一种信物，象征身份等级，用于祭祀、丧葬等活动。

周武王灭殷商后，为了稳固统治，对周族子弟及伐纣功臣实行分封制，即将土地分封给个人，封其为诸侯。这些诸侯在一方拥有很高的权力，同时又要臣服于周王。所以在分封诸侯时会举行大型的祭祀活动，受封后的各爵位诸侯需要用玉制作的不同器物来表明自己的身

神面纹玉圭　现藏于故宫博物院

份地位。《礼记·王制》中记载："王者之制禄爵，公侯伯子男，凡五等。"《周礼·春官·大宗伯》中规定："以玉作六瑞，以等邦国。王执镇圭，公执桓圭，侯执信圭，伯执躬圭，子执谷璧，男执蒲璧。"可见，六个贵族等级中，前面四个高等级的就拿不同样式的圭，最后两个级别就拿璧。

不过，当时如何将桐叶做成圭形，所记不详。《吕氏春秋》作"援"，《史记》作"削"，直至沈约才作"剪"。此后则一律作"剪桐"或"剪梧"。将"援"引申为"剪"有武断之嫌，但是，无论如何，将树叶仿圭成形的举动，确实也是近乎剪纸的造型艺术了。

梧桐真的能招引来凤凰吗？

有卷者阿，飘风自南。岂弟君子，来游来歌，以矢其音。

伴奂尔游矣，优游尔休矣。岂弟君子，俾尔弥尔性，似先公酋矣。

尔土宇昄章，亦孔之厚矣。岂弟君子，俾尔弥尔性，百神尔主矣。

尔受命长矣，茀禄尔康矣。岂弟君子，俾尔弥尔性，纯嘏尔常矣。

有冯有翼，有孝有德，以引以翼。岂弟君子，四方为则。

颙颙卬卬，如圭如璋，令闻令望。岂弟君子，四方为纲。

凤皇于飞，翙翙其羽，亦集爰止。

凤皇于飞，翙翙其羽，亦傅于天。

凤皇鸣矣，于彼高冈。

梧桐生矣，于彼朝阳。

菶菶萋萋，雍雍喈喈。

蔼蔼王多吉士，维君子使，媚于天子。

蔼蔼王多吉人，维君子命，媚于庶人。

君子之车，既庶且多。

君子之马，既闲且驰。

矢诗不多，维以遂歌。

——《诗经·大雅·卷阿》

48

梧桐，从古至今就是备受青睐的园林树种。为什么人们爱在庭院里种植梧桐呢？听说，和它的名号——凤凰木有关系。

凤凰木这个名字是怎么来的？《诗经·大雅·卷阿》："凤皇鸣矣，于彼高冈。梧桐生矣，于彼朝阳。"这里的"凤皇"即凤凰。这应该是梧桐引凤凰传说的最早出处。有人考据说，这里的"高冈"就是现在陕西岐山县周公庙所在——凤凰山。而这首诗是歌颂周王的，以凤凰比周王，以百鸟比贤臣。诗人以凤凰展翅高飞、百鸟紧紧相随，比喻贤臣对周王的拥戴；然后以高冈梧桐郁郁苍苍、朝阳鸣凤婉转悠扬，渲染出一种君臣相得的和谐氛围。

此外，《尚书》《庄子》《吕氏春秋》均提及梧桐树。春秋末代吴国国君夫差喜爱梧桐，专门建有梧桐园。宋朝范成大《吴郡志》："梧桐园，在吴宫，本吴王夫差园也，一名琴川。"

汉代起，梧桐树开始栽植于皇家宫苑，《西京杂记》："上林苑桐三，椅桐、梧桐、荆桐。""五柞宫西有青梧观，观前有三梧桐树。"魏晋时，梧桐树增多，晋代夏侯湛作《桐赋》："有南国之陋寝，植嘉桐乎前庭。"傅成作《梧桐赋》："美诗人之攸贵兮，览梧桐乎朝阳。""郁株列而成行，夹二门以骈罗。"

《晋书·苻坚载记》："坚以凤凰非梧桐不栖，非竹实不食，乃植桐竹数十万株于阿房城以待之。"可见，十六国时期前秦的皇帝苻坚，大规模种植梧桐也是想招凤凰。

直到今天，这样的俗语还在广泛流传——家有梧桐树，引来金凤凰。神话传说中的凤凰神鸟，娇媚清秀，妖娆多姿。古人常把梧桐与凤凰联系在一起，凤凰恋梧桐，梧桐引凤凰。想必，能招引凤凰的梧桐树，自然也是神异之树。

不过，也有植物学专家指出，既然古人说的凤凰是一雌一雄，雄为"凤"，雌为"凰"，那么对应的梧桐会不会是一梧一桐，梧是梧桐（青桐），而桐是泡桐？而且，泡桐树非常容易感染一种丛叶病毒，感染后会长出密集的细小枝叶。冬季叶片脱落后，树枝形状很像鸟巢。古人对这种天然形成的东西充满崇拜，以为是"凤巢"，因而认为梧桐树可以长出凤凰的巢穴，并吸引凤凰前来居住。

这样分析下来，凤凰木的传奇是不是更科学合理了呢？

什么样的君主才能引来凤凰一样的人才？

孔文子之将攻大叔也，访于仲尼。仲尼曰："胡簋之事，则尝学之矣；甲兵之事，未之闻也。"退，命驾而行，曰："鸟则择木，木岂能择鸟？"文子遽止之，曰："圉岂敢度其私，访卫国之难也。"将止，鲁人以币召之，乃归。

——《左传·哀公十一年》

孔子周游列国，看到卫国政治腐败，自己得不到重用和施展才能的机会，决定离开。卫国的当权者孔文子准备出征，想听听孔子的意见。孔子说自己只懂得礼仪，不懂得打仗，并说："鸟则择木，木岂能择鸟？"后来，古语中借用了里面的观点，演变出了"良禽择木而栖，良臣择主而事"这句话，指优等的禽鸟会选择理想的树木作为自己栖息的地方，优秀的臣子会选择贤明的君主来成就功名事业。直到今天，我们都在用"良禽择木而栖，良臣择主而事"来形容人才需要合适的环境才能做出一番事业来。

而这里的"良禽择木"，其实借用的就是凤凰栖息梧桐的典故。

惠子相梁，庄子往见之。或谓惠子曰："庄子来，欲代子相。"于是惠子恐，搜于国中，三日三夜。庄子往见之，曰："南方有鸟，其名为鹓雏，子知之乎？夫鹓雏发于南海，而飞于北海，非梧桐不止，非练实不食，非醴泉不饮。于是鸱得腐鼠，鹓雏过之，仰而视之曰："'吓！'今子欲以子之梁国而吓我邪？"

——《庄子·秋水》

这则"惠子相梁"的典故，也和梧桐、凤凰有关。鹓雏，在中国传说中是与鸾凤同类的鸟，用以比喻贤才或高贵的人。明代《永乐大典》中记载："太史令蔡衡对曰：凡像凤者有五色，多赤者凤，多青者鸾，多黄者鹓雏，多紫者鸑鷟，多白者鹄。"

惠子是庄子的朋友，在梁国做宰相，庄子前来看望他。有人对惠子说："庄子来梁国是想取代你做宰相。"惠子听后恐慌起来，在都城内搜寻庄子，整整三天三夜。庄子去看望惠子说："南方有一种鸟，名字叫鹓雏，你知道吗？从南海出发飞到北海，不是梧桐树它不会停息，不是竹子的果实它不会进食，不是甘美的泉水它不会饮用。正在此时，一只鸱鹰寻觅到一只腐烂的老鼠，鹓雏刚巧从空中飞过，鸱鹰抬头看着鹓雏，发出一声怒气：'吓！'如今你也想用你的梁国来怒叱我吗？"

通过这段话，庄子用凤凰只栖息于梧桐树来表明自己高洁远大的志向。

阿房宫真有十万梧桐吗？

梧桐有着非常悠久的种植历史，它或许是中国最早有文字记载的城镇绿植之一。

相传，秦始皇沉浸在《诗经》与庄子的智慧中，深信梧桐的魅力能引来尊贵的凤凰。于是，他灭六国后在骊山脚下修建阿房宫，足足种植了十万株梧桐与翠竹。那场景真是五步一楼，十步一阁，覆压三百余里，郁苍苍繁茂梧桐，碧沉沉万杆修竹。那时的秦始皇，满心期待这些梧桐能为他引来祥瑞之鸟——凤凰，并庇护这座繁华的宫殿。

然而，这一切被楚霸王项羽攻占咸阳后一炬焚之，化为一片焦土。

阿房宫赋

唐·杜牧

六王毕，四海一，蜀山兀，阿房出。覆压三百余里，隔离天日。骊山北构而西折，直走咸阳。二川溶溶，流入宫墙。五步一楼，十步一阁；廊腰缦回，檐牙高啄；各抱地势，钩心斗角。盘盘焉，囷囷焉，蜂房水涡，矗不知其几千万落。长桥卧波，未云何龙？复道行空，不霁何虹？高低冥迷，不知西东。

歌台暖响，春光融融；舞殿冷袖，风雨凄凄。一日之内，一宫之间，而气候不齐。

妃嫔媵嫱，王子皇孙，辞楼下殿，辇来于秦。朝歌夜弦，为秦宫人。明星荧荧，开妆镜也；绿云扰扰，梳晓鬟也；渭流涨腻，弃脂水也；烟斜雾横，焚椒兰也。雷霆乍惊，宫车过也；辘辘远听，杳不知其所之也。一肌一容，尽态极妍，缦立远视，而望幸焉。有不见者，三十六年。燕赵之收藏，韩魏之经营，齐楚之精英，几世几年，剽掠其人，倚叠如山。一旦不能有，输来其间。鼎铛玉石，金块珠砾，弃掷逦迤，秦人视之，亦不甚惜。

嗟乎！一人之心，千万人之心也。秦爱纷奢，人亦念其家。奈何取之尽锱铢，用之如泥沙？使负栋之柱，多于南亩之农夫；架梁之椽，多于机上之工女；钉头磷磷，多于在庾之粟粒；瓦缝参差，多于周身之帛缕；直栏横槛，多于九土之城郭；管弦呕哑，多于市人之言语。使天下之人，不敢言而敢怒。独夫之心，日益骄固。戍卒叫，函谷举，楚人一炬，可怜焦土！

呜呼！灭六国者六国也，非秦也；族秦者秦也，非天下也。嗟乎！使六国各爱其人，则足以拒秦；使秦复爱六国之人，则递三世可至万世而为君，谁得而族灭也？秦人不暇自哀，而后人哀之；后人哀之而不鉴之，亦使后人而复哀后人也。

清·袁江《阿房宫图》屏

梧桐为什么成了悲秋代言人？

九辩（节选）

战国·宋玉

皇天平分四时兮，窃独悲此凛秋。

白露既下百草兮，奄离披此梧楸。

秋登宣城谢朓北楼

唐·李白

江城如画里，山晚望晴空。

两水夹明镜，双桥落彩虹。

人烟寒橘柚，秋色老梧桐。

谁念北楼上，临风怀谢公？

相见欢

南唐·李煜

无言独上西楼，月如钩。寂寞梧桐深院锁清秋。

剪不断，理还乱，是离愁，别是一般滋味在心头。

水仙子·夜雨

元·徐再思

一声梧叶一声秋。一点芭蕉一点愁。三更归梦三更后。落灯花棋未收，叹新丰逆旅淹留。枕上十年事，江南二老忧，都到心头。

声声慢

宋·李清照

寻寻觅觅，冷冷清清，凄凄惨惨戚戚。乍暖还寒时候，最难将息。三杯两盏淡酒，怎敌他、晚来风急！雁过也，正伤心，却是旧时相识。

满地黄花堆积，憔悴损，如今有谁堪摘？守着窗儿，独自怎生得黑！梧桐更兼细雨，到黄昏、点点滴滴。这次第，怎一个愁字了得！

清·石涛《桐阴觅句图》

石涛（1642—约1718），明末清初画家，俗姓朱，名若极，小字阿长，法名原济。他既是绘画实践的探索者、革新者，又是理论家，是中国绘画史上一位十分重要的人物。

"伤春悲秋"是中国古代文人基于客观环境变化而产生的一种独特内心感受，自宋玉赋《九辩》以来，文人便有"悲秋"一说。宋玉把秋景秋物、秋声秋色，与个人命运紧密结合在一起，表达自己内心的抑郁哀怨、感伤忧愤，诗中情与景融、思与境偕，构成一个和谐的艺术整体。自宋玉起，后世以"悲秋"为主题的文学作品层出不穷，而悲秋诗词里最常写到的景物之一便是梧桐。

有人说，梧桐发叶迟、落叶早，早秋梧桐叶黄，一叶知秋，故而愁上心头。还有人说，梧桐叶大，雨滴撞击，嘭嘭声响，只见梧桐不见凤凰，相思之苦，油然而生。其实，梧桐随着自然节律而生长，哪有什么愁苦悲伤呢？正如李白诗中所说："草不谢荣于春风，木不怨落于秋天。谁挥鞭策驱四运，万物兴歇皆自然。"

梧桐加鸳鸯，为什么总是爱情悲剧？

古人认为，梧桐是雌雄异株的植物，梧为雄，桐为雌，二者同长同老，同生同死。所以，诗人笔下的梧桐常常被当作忠贞爱情的象征。当它与鸳鸯一起出现时，便更成了坚贞爱情的悲剧信号。

唐代孟郊《列女操》中写道："梧桐相待老，鸳鸯会双死。"意思是梧与桐相伴到老，鸳鸯不肯独活。

此外，汉乐府的长诗《孔雀东南飞》中也用"梧桐"和"鸳鸯"这对意象来刻画悲剧的爱情。

《孔雀东南飞》来源于民间真实事件。东汉时期的庐江郡小吏焦仲卿娶刘兰芝为妻，夫妻恩爱情深。但兰芝为焦母所不容，被迫遣回娘家。焦、刘两人分手时发誓生死不离。兰芝回娘家后，其兄逼其改嫁，她走投无路投水身亡，仲卿闻讯后也自缢于庭树。焦、刘殉情一事，震动了庐江郡，一时间"家家户户说焦、刘"，人们一传十、十传百，使这个凄婉动人的爱情故事在民间迅速流传开来。

　　南朝徐陵将该诗以《古诗为焦仲卿妻作》为题收入他所编的《玉台新咏》，从此它成了中国文学史上第一部长篇叙事诗。本诗又称《孔雀东南飞》，最后以梧桐、松柏连理枝和比翼鸳鸯结尾，给这个爱情故事更添传奇浪漫的色彩，让这一封建历史背景下的爱情悲剧更加打动人心。

　　两家求合葬，合葬华山傍。东西植松柏，左右种梧桐。枝枝相覆盖，叶叶相交通。中有双飞鸟，自名为鸳鸯，仰头相向鸣，夜夜达五更。行人驻足听，寡妇起彷徨。多谢后世人，戒之慎勿忘！

——《孔雀东南飞》

清·冷枚《梧桐双兔图》

梧桐为什么成就了秋日吉祥画?

仔细看看左边这幅画,你从中都发现了哪些景物?

白兔、梧桐、雏菊、磐石、竹栏……

这样一幅生机盎然的闲趣之作,可承载着属于中国人的吉祥祈愿呢!那么它们都藏在哪里呢?让我们一起来找找看吧。

古人认为"玉衡星散而为兔",故而玉色白兔在古代是天下太平的象征。画中的主体——两只白兔,体态丰腴,神色灵动,毛发盈润,既借鉴了西洋画法的明暗错落,又以毛笔勾线塑造细节。画面一侧的梧桐躯干壮硕,枝叶繁茂,象征着国本昌盛,庇佑子孙。梧桐之下一枝桂花悄然绽放,不仅寓意着多生贵(桂)子,还暗含着蟾宫折桂、飞黄腾达之意。角落中的点点雏菊既显示着君子之气,又表达了画家对其"历尽风霜屹立不倒"精神的赞许。至于画中点缀的竹栏和磐石,则是作者对"节节高升""安定稳固"的祈愿。

这幅《梧桐双兔图》中的每个元素都承载着人们吉祥的祈愿,实属美好祝福的集大成者,难怪乾隆皇帝都对它深爱有加。那么这幅画出自谁之手呢?

这幅画的作者冷枚,是清初的一位宫廷画师,他十分擅长人物、仕女、山水、花鸟等主题的绘画。他于康熙年间因画技出众被选入宫廷作画,历经康熙、雍正、乾隆三朝,在宫廷及王府中绘画长达六十年。当时,宫廷中有诸多欧洲画家,他们不仅直接为皇室服务,还与中国宫廷画师交流了欧洲绘画技法。冷枚曾师从擅长西洋画法的焦秉贞,并与欧洲画家郎世宁等人共事,在这一过程中,他逐渐形成了自己独特的绘画风格,其画作既蕴含中国传统绘画的典雅之美,又带有西洋画立体的写实特点。

这幅《梧桐双兔图》中,既有承载美好寓意的典型中式意象,又兼具西洋画法中的点面透视和光影效果,是画家美好祈愿的载体和传统艺术发展的见证。

梧桐下的仕女有着怎样的传奇？

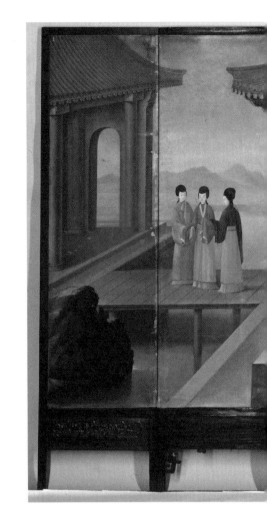

故宫博物院中共藏有两件名中包含"桐荫仕女"的文物。一件是清朝宫廷画师画的油画图屏，另一件是玉石雕刻的摆件。二者虽然材质不同，但它们都采用了同一个主题。

梧桐作为庭院绿植深受人们喜爱，庭前、窗前、门侧、道旁都可种植，其自然原因很可能是梧桐生长迅速、枝干挺拔、叶片阔大，便于遮阴。明代陈继儒《小窗幽记》中写道："凡静室，须前栽碧梧，后种翠竹，前檐放步，北用暗窗，春冬闭之，以避风雨，夏秋可开，以通凉爽。然碧梧之趣，春冬落叶，以舒负暄融和之乐，夏秋交荫，以蔽炎烁蒸烈之气。"这里，确切道明了古人在庭院栽植梧桐的缘由。

至于仕女和梧桐的搭配暗含着创作者的哪些情绪，请你到古代文物和诗词中去找寻吧！

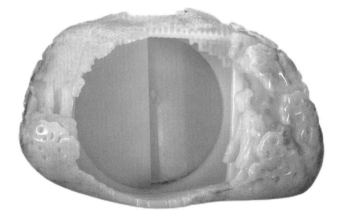

桐荫仕女玉山

清·佚名《桐荫仕女图》屏

玉炉香，红蜡泪，偏照画堂秋思。眉翠薄，鬓云残，夜长衾枕寒。

梧桐树，三更雨，不道离情正苦。一叶叶，一声声，空阶滴到明。

——唐·温庭筠《更漏子》

寂寞掩朱门，正是天将暮。暗澹小庭中，滴滴梧桐雨。

绣工夫，牵心绪，配尽鸳鸯缕。待得没人时，偎倚论私语。

——五代十国·孙光宪《生查子·其一》

洗死梧桐为干净？

元·倪瓒《静寄轩诗文》轴

中国画中有个神奇的主题——"洗桐图"。没错，就是以擦洗梧桐树为主题的画作，而且以此为主题的画作还相当多。这个主题由何而来，为什么人们要为梧桐"洗澡"呢？这就不得不提元代绘画四大家之一的倪瓒。

据说，一次有客人与倪瓒畅谈忘返，不得已在他家留宿，倪瓒很不情愿，担心客人弄脏客房，于是辗转反侧，难以入睡。夜里听到客人咳嗽，倪瓒猜他必要吐痰，所以天一亮立马叫仆人仔细检查院落，看看客人有没有将痰吐在院内。

仆人找遍各个角落也没有找到痰迹，又担心主人责难打骂，便谎称在桐树根处找到了。于是，倪瓒就让仆人用水把梧桐树擦了又擦，洗了又洗。仆人反复擦洗，把桐树的树皮都洗烂了，最终这株梧桐树因倪瓒的洁癖而死。

文人雅士们喜欢在庭院中栽植梧桐，以示自身人格高洁和人品厚重。倪瓒让仆人擦洗梧桐树之举，在后世文人雅士的眼中逐渐成了洁身自好的象征，于是他们也常常以此为题，创作艺术作品。

倪瓒的洁癖，还有其他例子可以佐证。

厕所作为家里最易被污染的地方，倪瓒对其卫生情况可谓是高度重视。顾元庆的《云林遗事》中这样描写倪瓒家的厕所："其溷厕以高楼为之，下设木格，中实鹅毛。凡便下，则鹅毛起覆之，一童子俟其旁，辄易去，不闻有秽气也。"

或许有人会说，倪瓒的洁癖是种愚蠢迂腐、矫情做作的做法，但是读了下面这个故事后，你也许会有不同的想法。朱元璋建立明朝时，倪瓒67岁，鉴于其声望，朱元璋有意召他进京供职，倪瓒坚辞不赴，表示自己不隐也不仕，并告诫世人："只傍清水不染尘。"

但就是这么一个爱干净的人，他的人生结局却出现出人意料的反转——

倪瓒出生于一个优渥的商贾之家，他的两个哥哥都是当时道教的上层人物。然而家业传到倪瓒的手中后，他却坐吃山空，家中的各项用度逐渐捉襟见肘。迫不得已，倪瓒于至正十三年（1353）变卖了家中的土地和财产，把自己收藏的古玩字画搬到一条船上，打算自此在太湖中消磨余生。

可是土地变卖了，当年的赋税却还没有缴。征税官在城中各处搜捕倪瓒，突然闻到湖边的芦苇丛中有一股龙涎香的味道。征税官寻着香味，把正在湖边熏香的倪瓒抓进了监狱。

到了狱中，倪瓒的洁癖依然不改。狱卒给他送饭，他让狱卒一定要举着饭碗送进来，而且要举到眉毛那么高。狱卒心想：我又不是你老婆，为何要对你"举案齐眉"？他问倪瓒，倪瓒也不回答。问了旁人才知道，倪瓒是怕狱卒把唾沫喷到饭里，污了他的餐食。

狱卒听后大怒，把倪瓒用铁链子拴在厕所里，让他天天被臭气熏着。

众人见此纷纷求情，狱卒这才把倪瓒从厕所里放了出来。可是这段经历给有洁癖的倪瓒留下了深刻的心理阴影。最终，倪瓒因忧惧愤怒引发了脾疾，于洪武七年（1374）去世，享年74岁。

明·钱穀《洗桐图》

丝桐楚声觅知音?

  古琴，是中国传统拨弦乐器，有三千年以上的历史，属于八音中的"丝"，因削桐为琴、束丝为弦，故又有"丝桐"之称。梧桐，作为丝桐的主体、丝弦的依托，以其厚重深沉的品格，中和着丝弦奏鸣的清脆张力，成就了古琴之乐清、和、淡、雅的音乐品格，寄寓了文人风凌傲骨、超凡脱俗的处世心态。

  说到古琴，就不得不提俞伯牙、锺子期的传奇故事。

  相传，在春秋战国时期，楚国人俞伯牙善弹古琴。他既会弹琴，又会作曲，在当时名气很大，被世人称作"琴仙"。但苦于曲高和寡、知音难觅，他常常感到这世上没有一个真正懂自己的人。伯牙虽为楚人，但他却在晋国任上大夫一职。有一年，他奉命出使楚国。八月十五那天，他乘船来到了汉阳江口，风浪太大，他只得将船停泊在一座小山下，风浪渐平，云开月出，他琴兴大发，拿出随身带来的琴，忘我地弹奏起来。

  忽然间，他看见一个人在岸边一动不动地站着。伯牙不免吃了一惊，手下用力，只听"啪"的一声，琴弦断了一根。那人发现自己打断了伯牙的琴音，也自觉不妥，于是连忙大声解释说："先生，您不要疑心，我是个打柴的过路人，听到您的琴音，觉得琴声很美妙，所以停下脚步聆听起来。"月光下，那个人身旁放着一担干柴。伯牙感到很奇怪，一个打柴的樵夫，竟然自称能听懂他的琴声。于是他就请樵夫说说刚刚自己所弹是何曲。樵夫说道："先生，您刚才所弹的是孔子赞叹弟子颜回的曲谱，可惜，弹到第四句的时候，琴弦断了。"伯牙没想到，一个打柴人竟然能回答出他的问题，不禁大喜，邀请他上船来详细交谈。

那打柴人一上船便看出伯牙的琴为相传是伏羲氏所造的瑶琴，并给伯牙讲述了自己所知的瑶琴的来历。伯牙听得入神，没想到自己这个主人都没他了解得清楚，便对他十分敬佩。兴之所至，伯牙又为樵夫弹奏了几曲，曲中之意二人皆能体会。当琴声雄壮高亢时，樵夫说："这是高山的雄伟气势。"当琴声清新流畅时，樵夫接着说："这是无尽的流水。"伯牙欣喜万分，有这样的知己此生足矣。他询问打柴人的姓名，打柴人回答"锺子期"。相见恨晚的二人当即结拜为兄弟，相约来年的中秋再到这里相会。临别之际，二人挥泪告别。

第二年中秋，伯牙如约而至，他来到汉阳江口，等待那位阔别已久的知音。可是他左等右等却不见锺子期来赴约，于是他便弹起琴来，心想子期听到琴声一定会闻声而来。可是弹完了一曲又一曲，还是不见子期的身影。伯牙不相信子期会失约，决心一定要找到他。最终，他向一位老人打听到了锺子期的下落。原来，锺子期在这一年间因染病不幸去世了，所以没能来赴约。老人告诉伯牙，子期临终前曾留下遗言，要将他的坟墓修在江边，待八月十五相会时，便可听到伯牙的琴声。

悲痛欲绝的伯牙，来到子期的坟前为他抚琴，一曲弹罢，伯牙挑断了琴弦，把心爱的瑶琴摔在青石上。他悲伤地说："我唯一的知音已不在人世了，这琴还弹给谁听呢？"从此，一代"琴仙"不再抚琴。

伯牙善鼓琴，锺子期善听。伯牙鼓琴，志在登高山。锺子期曰："善哉！峨峨兮若泰山！"志在流水。锺子期曰："善哉！洋洋兮若江河！"伯牙所念，锺子期必得之。伯牙游于泰山之阴，卒逢暴雨，止于岩下；心悲，乃援琴而鼓之。初为霖雨之操，更造崩山之音。曲每奏，锺子期辄穷其趣。伯牙乃舍琴而叹曰："善哉，善哉，子之听夫！志想象犹吾心也。吾于何逃声哉？"

——《列子·汤问》

"高山流水"寻知音？

　　伯牙、子期"高山流水遇知音"的传说虽流传至今，但那绝世乐曲《高山流水》却于唐代失传，取而代之的是两支古琴曲《高山》和《流水》。《高山》分化出来之后，曲调沉厚沧古，已经没有了原曲中感叹知音难觅的韵味，而是更偏重传达作曲者远大的志向。《流水》更多保留了珍视知音的寓意，同时还增加了对生命的诘问与追寻。《流水》一曲，在勾挑起落间，小小琴弦上仿佛出现一眼清泉，它徐徐而来，穿过乱石与缓坡，润泽万物与青山，最后汇聚形成庞大的生命体。

　　2006 年 9 月 26 日，中国邮政与奥地利邮政联合发行《古琴与钢琴》特种纪念邮票两枚，以此庆祝两国建交 35 周年和莫扎特 250 周年诞辰。邮票"古琴"的画面主图是收藏于北京故宫博物院的唐代"大圣遗音琴"正反面，背景图案是春秋时期伯牙、子期"高山流水遇知音"的武汉汉阳古琴台①旧址，清代南阳陈敬翔绘制的《琴台古韵图》局部，以及清代书法家宋湘所书的《琴台题壁诗》碑刻图局部。

---

①古琴台，位于武汉市汉阳区龟山西麓，月湖东畔，相传是为纪念伯牙、子期这对旷世知音而建。

1967 年，国际天文学会将水星上的 15 座环形山用中国古代文学艺术家的名字命名，其中一座被命名为"伯牙山"，以纪念《高山流水》琴曲的原创者俞伯牙。

　　1977 年 9 月 5 日，美国"旅行者 1 号"探测器遁入浩瀚太空。这架探测器除了配有常规的宇宙探测设备外，还带了一张铜质唱片，它的外径为 12 英寸，表面镀金，内藏金刚石留声机针。这意味着即使是 10 亿年之后，这张唱片的音质依然和新的一样。

　　唱片里灌入了用 55 种人类语言录制的问候语和各类音乐，还有 115 幅体现人类文明现状和特点的图片影像，我国著名古琴演奏家管平湖演奏的古琴曲《流水》也在其中。

　　这张唱片，带着人类文明发展的剪影，跟随太空探测器在茫茫宇宙中寻找其他的生命文明，寻找若干光年外的知音。

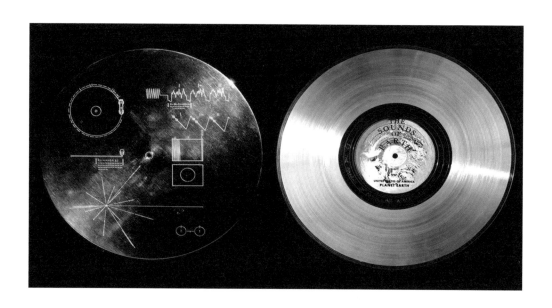

一曲《文王操》，孔子"吾从周"？

《文王操》本是用来歌颂周文王的琴曲，后失传。据《史记》和《韩诗外传》记载，孔子曾向春秋时期著名乐师师襄学琴，所学之曲正是《文王操》。

　　孔子学鼓琴师襄子，十日不进。师襄子曰："可以益矣。"孔子曰："丘已习其曲矣，未得其数也。"有间，曰："已习其数，可以益矣。"孔子曰："丘未得其志也。"有间，曰："已习其志，可以益矣。"孔子曰："丘未得其为人也。"有间，曰有所穆然深思焉，有所怡然高望而远志焉。曰："丘得

其为人，黯然而黑，几然而长，眼如望羊，如王四国，非文王谁能为此也！"
师襄子辟席再拜，曰："师盖云《文王操》也。"

——《史记·孔子世家第十七》

这段文字记录了孔子到卫国向师襄学习弹琴的一段故事。孔子一连十天反复练习一支乐曲。师襄子觉得孔子弹得很好，便三次劝他练习其他乐曲。但孔子说自己还没领会此曲的志趣神韵，还没有思考出此曲的作者是谁，还没有感受到作曲者的精神风貌。直到有一天，孔子练习此曲后站起身来，凭窗远望许久，才恍然大悟："我知道作曲者的为人和风貌了！这支乐曲，除周文王外没有人能作得出来！"此语一出，师襄子立刻站起来，向着孔子连连作揖道：

"您真是圣人呀，此曲正是《文王操》呀！"

从先秦时起，中国人就将人耳所闻分为三个层次，即"声""音""乐"：动物只能听懂同类之间的"声"，普通人只能懂得由"音"构成的语言，只有君子才能懂得乐曲。

以孔、孟、老、庄为代表的中国古代哲学家对音乐有着非常深刻的论断。孔子认为人格养成的途径是"兴于诗、立于礼、成于乐"，他不仅自己会弹琴、唱歌，还把学习音乐艺术视为君子最高的修养之一。孔子一生都把复兴周礼作为努力的目标，"礼乐"也是中国人对世界文明的一个伟大贡献。把"礼"和"乐"结合在一起，可以使社会安定有序，同时又充满活力。这可以在他弟子记述他语录的《论语》中找到证明——子曰："周监于二代，郁郁乎文哉！吾从周。"

明·佚名《明人彩绘圣迹图册页·学琴师襄图》

图书在版编目（CIP）数据

梧桐／钱锋主编；刘敏，刘雅莉，林良徵本册主编．
济南：济南出版社，2024.9. —— （万物启蒙）.
ISBN 978-7-5488-6746-3

Ⅰ. S792.37-49

中国国家版本馆 CIP 数据核字第 2024Z5B138 号

本书部分文字作品及丰子恺画作著作权由中国文字著作权协会授权，
电话：010-65978917，传真：010-65978926，E-mail：wenzhuxie@126.com。

梧桐

WUTONG

主　　编　钱　锋
本册主编　刘　敏　刘雅莉　林良徵

出 版 人　谢金岭
责任编辑　李冰颖　姜海静　郑红丽
插　　图　黄嶷沛
封面设计　刘　畅

出版发行　济南出版社
地　　址　山东省济南市二环南路 1 号（250002）
总 编 室　0531-86131715
印　　刷　济南鲁艺彩印有限公司
版　　次　2024 年 9 月第 1 版
印　　次　2024 年 9 月第 1 次印刷
成品尺寸　210mm×270mm　16 开
印　　张　4.5
字　　数　80 千
书　　号　ISBN 978-7-5488-6746-3
定　　价　48.00 元

如有印装质量问题 请与出版社出版部联系调换
电话：0531-86131736